Ojaswini S. Shirur

Supercapacitores: Uma visão geral

Ojaswini S. Shirur

Supercapacitores: Uma visão geral

Supercapacitores: Tecnologias de armazenamento de energia

ScienciaScripts

Imprint

Cover image: www.ingimage.com

This book is a translation from the original published under ISBN 978-620-5-52072-7.

Publisher:
Sciencia Scripts
is a trademark of
Dodo Books Indian Ocean Ltd. and OmniScriptum S.R.L publishing group

120 High Road, East Finchley, London, N2 9ED, United Kingdom
Str. Armeneasca 28/1, office 1, Chisinau MD-2012, Republic of Moldova, Europe
Printed at: see last page
ISBN: 978-620-5-69232-5

Supercapacitores: Uma visão geral

CONTEÚDO

ABREVIATURA

MW-	Mcrowave
EDLCs -	Condensadores electroquímicos de dupla camada
AC-	Carvão activado
CNT-	Nanotubos de carbono
PANI-	Polianilina
PPy-	Polypyrrole
NEC -	Código eléctrico nacional
SOHIO-	Óleo padrão de ohio
SRAM -	Memória estática de acesso aleatório
LED -	Díodo emissor de luz
EVs-	Vehicale eléctrica
HEVs-	Vehicale eléctrico híbrido
RAM-	Memória de acesso aleatório
PC-	Computador pessoal
AMR-	Espingarda anti-materiel
SSA-	Área de superfície específica
SWCNT-	Nanotubos de carbono com parede única
CMG-	Grafeno quimicamente modificado
CFC-	Panos de fibra de carbono
CDD-	O carboneto deriva o carbono
ESR-	Resistência em série equivalente
BSH-	Dispositivo híbrido supercapacitor de bateria
LiBs-	Baterias de iões de lítio
SCs-	Supercapacitores
Cv-	Voltametria cíclica

Supercapacitores: Uma visão geral

INTRODUÇÃO

TECNOLOGIAS DE ARMAZENAMENTO DE ENERGIA

O mundo de hoje está num ponto de viragem. Os recursos estão a esgotar-se, a poluição está a aumentar e o clima está a mudar. Como estamos prestes a ficar sem combustíveis fósseis nas próximas décadas, estamos ansiosos por encontrar substitutos que garantam a nossa riqueza adquirida e um maior crescimento a longo prazo. A tecnologia moderna já nos fornece tais alternativas como turbinas eólicas, células fotovoltaicas, centrais de biomassa e mais, mas estas tecnologias têm falhas. Em comparação com as centrais eléctricas tradicionais, produzem quantidades muito menores de electricidade e ainda mais problemática é a incoerência da produção. A elevada procura de electricidade a nível mundial cresce aproximadamente 3,6% ao ano. mas o sol nem sempre brilha nem o vento está sempre a soprar. Por razões técnicas, contudo, a quantidade de electricidade introduzida na rede eléctrica deve permanecer sempre no mesmo nível que o exigido pelos consumidores para evitar apagões e danos na rede. Isto conduz a situações em que a produção é superior ao consumo ou vice-versa. É aqui que as tecnologias de armazenamento são o elemento-chave para equilibrar estas falhas. **[1]**. Com a crescente importância das fontes de energia renováveis, os cientistas e engenheiros estão interessados em aumentar a eficiência e em baixar os custos destas tecnologias. No entanto, parece haver apenas um punhado de tecnologias disponíveis que são suficientemente eficientes e também económicas. O armazenamento de energia não é uma tarefa fácil, como a maioria de nós sabe. A bateria do nosso smartphone dura apenas cerca de um dia; os portáteis duram apenas algumas horas; o alcance dos automóveis eléctricos é limitado a pouco mais de 100 quilómetros. Agora o problema do armazenamento de energia ao nível de centenas a milhares de turbinas eólicas e células fotovoltaicas é um problema sério. Apesar da necessidade crescente de armazenamento de energia e dos progressos substanciais que têm sido feitos, a utilidade do desenvolvimento em escala de novas tecnologias de armazenamento de energia eléctrica não tem acompanhado o advento da geração renovável variável.

Historicamente, a economia do armazenamento de energia eléctrica que justificou a construção da frota nacional de instalações de armazenamento por bombagem articuladas no preço do mercado grossista de energia eléctrica distribuiu-se entre o período nocturno e o diurno. O valor era determinado com base no custo da energia comprada para armazenamento nocturno e no valor recebido pela venda da energia de volta durante o dia **[2]**. Contudo, com gás natural de baixo preço e um influxo de zero (ou negativo) preços de mercado grossista de produção renovável de custo variável já não são suficientemente elevados para justificar economicamente o armazenamento de energia com base em spreads de preços diurnos. A análise de valor do armazenamento de energia é complicada pelo facto de actuar tanto como geração como como procura e pode fornecer múltiplos fluxos de valor de uma só vez. O armazenamento de energia traz consigo uma série de valores únicos. Por exemplo, não há emissões directas associadas ao funcionamento da maioria das tecnologias de armazenamento. Alguns dispositivos podem fornecer energia em pico, convertendo efectivamente energia renovável variável em capacidade de pico sem adicionar emissões ao sistema. A electrónica moderna de conversão de energia permite aos dispositivos fornecer reservas de acção rápida que podem ter um valor relativamente elevado quando comparadas com as tecnologias de geração. Um dispositivo de armazenamento com 50 MW de capacidade de geração pode ser capaz de fornecer reservas bidireccionais equivalentes a 100 MW de um gerador convencional **[3]**.

SUPERCAPACITORES: UMA VISÃO GERAL

A descoberta da possibilidade de armazenar uma carga eléctrica na superfície surgiu a partir de fenómenos associados à fricção do âmbar durante os tempos antigos. Em meados do século XVIII, que foi quando o efeito de tais fenómenos foi compreendido durante o período em que a física da chamada "electricidade estática" estava a ser investigada e várias "máquinas eléctricas" estavam a ser desenvolvidas. Em 1957, um grupo de engenheiros eléctricos em geral experimentava dispositivos que utilizavam eléctrodo de carbono poroso quando notaram o efeito condensador eléctrico de dupla camada. A sua observação na altura foi que a energia era armazenada nos poros de carbono e apresentava uma capacitância excepcionalmente elevada. Mais tarde, em 1966, um grupo de investigadores da Standard Oil of Ohio redescobriu acidentalmente o efeito enquanto trabalhava em projectos de células de combustível. O seu desenho celular era composto por duas camadas de carvão activado. Separadas por um fino isolante poroso, e o desenho mecânico permaneceu o mesmo para a maioria dos condensadores eléctricos de dupla camada até à data. Em 1978, a NEC introduziu finalmente o termo "supercapacitor" e a sua aplicação foi utilizada para fornecer energia de reserva para manter a memória do computador **[4]**. Devido à sua aplicação, muitos investigadores aprofundaram o estudo do supercapacitor, o que levou ao estudo de outros compostos como material de eléctrodos, tais como óxidos metálicos e polímeros condutores, etc. Entre os desafios enfrentados neste século está, inquestionavelmente, o armazenamento de energia. Por conseguinte, é importante encontrar novos sistemas de armazenamento de energia ecológicos e de baixo custo em resposta às necessidades das preocupações ecológicas emergentes e da sociedade moderna **[5]**. Os supercapacitores são dispositivos de armazenamento de energia com capacidade muito elevada e baixa resistência interna, capazes de armazenar e fornecer energia a taxas relativamente mais elevadas em comparação com as baterias devido ao mecanismo de armazenamento de energia que envolve uma simples separação de carga na interface entre o eléctrodo e o electrólito **[5,6]**. Um supercapacitor consiste em dois eléctrodos, um electrólito, e um separador que isola electricamente os dois eléctrodos. O material dos eléctrodos é o componente mais importante de um supercapacitor **[6,7]**. Alguns dos benefícios dos supercapacitores quando comparados com outros dispositivos de armazenamento de energia são: longa duração, alta potência, embalagem flexível, ampla gama térmica (-40° C a 70° C), baixa manutenção e baixo peso **[7]**. Os supercapacitores podem ser melhor utilizados em áreas que requerem aplicações com ciclo de carga curto e alta fiabilidade, por exemplo, fontes de recaptura de energia como empilhadores, gruas de carga e veículos eléctricos, melhoria da qualidade de energia, etc. **[8-10]**. Supercapacitores com as suas qualidades únicas quando utilizados com baterias ou células de combustível, podem servir como dispositivos de armazenamento temporário de energia, proporcionando elevada capacidade de armazenamento de energia de travagem **[11, 12]**. Devido à sua capacidade de alta potência, um banco de supercapacitores, pode fazer a ponte entre uma falha de energia e o arranque de geradores de energia de reserva. O desempenho electroquímico de um material de eléctrodo depende fortemente de factores como a área de superfície, condutividade eléctrica, molhagem do eléctrodo e permeabilidade das soluções electrolíticas **[13]**. Essencialmente, quando se trata de aplicações as que necessitam de uma taxa de descarga mais rápida vão para o condensador enquanto as mais lentas vão para as baterias. A partir da Fig. 1, pode-se ver que as baterias são capazes de atingir até 150 Wh/kg de densidade de energia, cerca de 10 vezes mais do que a de um condensador electroquímico. Em termos de densidade de energia, as baterias dificilmente atingem 200 W/kg, cerca de 20 vezes menos do que o desempenho esperado de um condensador electroquímico. As baterias apresentam fraquezas como a rápida diminuição do seu desempenho devido a ciclos rápidos de carga - ciclos de descarga ou temperatura ambiente fria, são dispendiosas de manter e têm um tempo de vida limitado **[14]**.

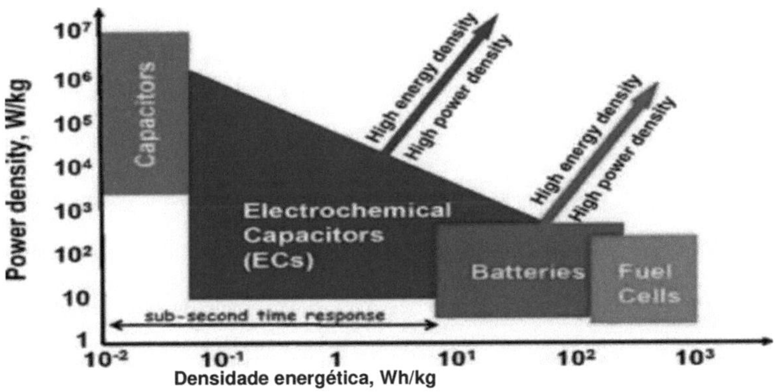

Fig. 1. Representação esquemática do diagrama de armazenamento de energia.

Quadro 1. Tabela de comparação entre tecnologias de armazenamento de energia electroquímica seleccionadas.

Características	Capacitor	Supercapacitor	Bateria
Energia específica (W h kg)$^{-1}$	< 0.1	1-10	10-100
Potência específica (W kg)$^{-1}$	>10,000	500-10,000	<1000
Tempo de descarga	10^{-6} a 10^{-3}	s a min	0.33 h
Tempo de carga	10^{-6} a 10^{-3}	s a min	15 h
Eficiência coulombic (%)	Cerca de 100	85-98	70
Ciclo de vida	Quase infinito	>500,000	cerca de 100

Supercapacitor - História

No início da década de 1950, os engenheiros da General Electric começaram a fazer experiências com eléctrodos de carbono porosos, na concepção de condensadores, a partir da concepção de células de combustível e baterias recarregáveis. O carvão activado é um condutor eléctrico que é uma forma extremamente porosa e esponjosa de carbono com uma elevada área de superfície específica. Em 1957 H. Becker desenvolveu um condensador electrolítico de baixa tensão com eléctrodos de carbono porosos **[4-6]**. Ele acreditava que a energia era armazenada como carga nos poros de carbono como nos poros das folhas gravadas dos condensadores electrolíticos. Em 1966, investigadores da Standard Oil of Ohio (SOHIO) desenvolveram outra versão do componente como aparelho de armazenamento de energia eléctrica, enquanto trabalhavam em projectos experimentais de células de combustível**[6].**

Os primeiros condensadores electroquímicos utilizavam duas folhas de alumínio cobertas com carvão activado, os eléctrodos, que eram embebidos num electrólito e separados por um fino isolante poroso. Este desenho deu um condensador com uma capacitância da ordem de um farad, significativamente superior aos condensadores electrolíticos com as mesmas dimensões. Este desenho mecânico básico continua a ser a base da maioria dos condensadores electroquímicos e por volta de 1978 a Panasonic comercializou a sua marca "Gold caps" **[9].** Este produto tornou-se uma fonte de energia de sucesso para aplicações de reserva de memória **[5]**. A competição começou apenas anos mais tarde. Em 1987 a ELNA 'Dynacap's entrou no mercado **[10]**. A primeira geração de EDLC's tinha uma resistência interna relativamente alta que limitava a corrente de descarga. Eram utilizados para aplicações de corrente baixa, tais como alimentação de chips SRAM ou para backup de dados. Uma vez que o conteúdo energético dos condensadores aumenta com o quadrado da tensão, os investigadores procuravam uma forma de aumentar a tensão de ruptura do electrólito. Em 1994, utilizando o ânodo de um condensador electrolítico de tântalo de alta tensão de 200 V, David A. Evans desenvolveu um condensador electrolítico-híbrido electroquímico **[12,13]**. Estes condensadores combinam a alta resistência dieléctrica de um ânodo de um condensador electrolítico com a alta capacitância de um cátodo pseudocapacitivo de óxido metálico (óxido de ruténio (IV)) de um condensador electroquímico, produzindo um condensador electroquímico híbrido. Os condensadores Evans tinham um teor energético cerca de 5 superior ao de um condensador electrolítico de tântalo comparável do mesmo tamanho **[14,15]**. Os seus elevados custos limitavam-nos a aplicações militares específicas.

Os desenvolvimentos recentes incluem condensadores de iões de lítio. Estes condensadores híbridos foram pioneiros pela FDK em 2007 **[16]**. Combinam um eléctrodo de carbono electrostático com um eléctrodo electroquímico de iões de lítio pré-docado. Esta combinação aumenta o valor da capacitância e o processo de prédopagem reduz o potencial do ânodo e resulta numa alta tensão de saída da célula, aumentando ainda mais a energia específica.

Definição e fundamentos

Os supercapacitores são dispositivos electrónicos que são utilizados para armazenar quantidades extremamente grandes de carga eléctrica. São também conhecidos como condensadores de dupla camada ou ultracapacitores. Os supercapacitores utilizam dois mecanismos para armazenar energia eléctrica: capacitância de camada dupla e pseudo-capacitância. A capacitância de dupla camada é de origem electrostática, enquanto a pseudo-capitância é electroquímica, o que significa que os supercapacitores combinam o funcionamento de condensadores normais com o funcionamento de uma bateria normal. As capacitâncias obtidas com esta tecnologia podem atingir os 12000 F. Em comparação, a auto-capacitância de todo o planeta Terra é apenas cerca de 710 |1F, mais de 15 milhões de vezes inferior à capacidade de um supercapacitador. Os supercapacitores são dispositivos polares, o que significa que têm de ser ligados ao circuito da forma correcta, tal como os condensadores electrolíticos. As propriedades eléctricas destes dispositivos, especialmente os seus rápidos tempos de carga e descarga, são muito interessantes para algumas aplicações, onde os supercapacitores podem substituir completamente as baterias **[17].**

Os supercapacitores combinam as propriedades dos condensadores e das baterias num único dispositivo **[18].** O supercapacitor é um sistema de carregamento de uma carga eléctrica significativa para permitir um elevado rendimento. Os supercapacitores são capazes de armazenar uma carga eléctrica maior do que um condensador típico. O supercapacitor é um tipo de condensador ou dispositivo de armazenamento que pode armazenar e descarregar electricidade. Semelhante aos condensadores típicos, pode ser incorporado num circuito para auxiliar baterias, células secas e outras fontes de alimentação de várias maneiras **[20]**.

Princípios de armazenamento

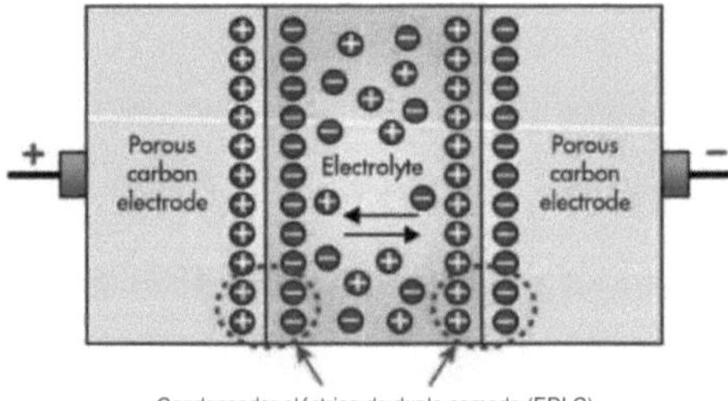

Fig. 2. Princípio de armazenamento em supercapacitores eléctricos de dupla camada.

Existem dois princípios de armazenamento na dupla camada eléctrica dos eléctrodos que contribuem para a capacitância total de um condensador electroquímico **[18].** Capacitância de dupla camada, armazenamento electrostático da energia eléctrica obtida por separação da carga numa dupla camada de Helmholtz **[19]**; Pseudocapacitância, armazenamento electroquímico da energia eléctrica obtida por reacções redox faradaicas com transferência de carga **[11]**.

Vantagens dos supercapacitores

As principais vantagens dos supercapacitores são:

i. Capacitância - Rotina de utilização antecipada do condensador, a capacidade de armazenamento do condensador é pequena, só pode satisfazer as necessidades de circuitos de carga pequenos; e a capacidade do condensador pode atingir o nível de super Farah, pode encaixar circuitos mais complexos necessários para o funcionamento como o gerador de energia solar portátil **[21]**.
ii. Circuito - Os requisitos de configuração do circuito do super condensador são menores. Não há necessidade de fornecer circuito de carga especial, circuito de controlo de descarga.
iii. Fornecer energia de pico e energia de reserva.
iv. Prolongamento do tempo de funcionamento e duração da bateria.
v. Redução do tamanho, peso e custo da bateria.
vi. Permitir o funcionamento a baixa/alta temperatura.
vii. Melhor equilíbrio de carga quando utilizado em paralelo com uma bateria.
viii. Bom armazenamento de energia e equilíbrio da fonte quando usado com ceifeiras de energia.
ix. Minimizar as necessidades de espaço.

Desvantagens dos supercapacitores

As principais vantagens dos supercapacitores são :

i. A fuga do electrólito e outros problemas que prejudicam o desempenho estrutural do condensador.

ii. Supercapacitor limitado à utilização do circuito CC. Devido à sua maior resistência interna, não adequado para os requisitos operacionais do circuito AC **[22]**.
iii. O preço de mercado é relativamente elevado e aumenta o custo de investimento no funcionamento do equipamento.
iv. Baixa densidade de energia; normalmente contém 1/5 a 1/10 de uma bateria.
v. Células de baixa tensão; para obter tensões mais elevadas, são necessárias ligações em série.
vi. O elemento de equilíbrio de tensão é necessário quando mais de 3 supercapacitores estão ligados em série.
vii. Alta auto-descarga em comparação com baterias electroquímicas

Aplicações de supercapacitores

Os supercapacitores têm vantagens em aplicações onde é necessária uma grande quantidade de energia durante um tempo relativamente curto, onde é necessário um número muito elevado de ciclos de carga-descarga ou uma vida útil mais longa. Aplicações típicas vão desde correntes de miliamp ou miliwatts de potência durante alguns minutos até várias correntes de amperes ou várias centenas de kilowatts de potência durante períodos muito mais curtos. O tempo t de um supercapacitor pode fornecer uma corrente constante I pode ser calculado como: à medida que a voltagem do condensador diminui de Ucharge para Umin. Se a aplicação necessitar de uma potência constante P durante um certo tempo t, isto pode ser calculado como: em que também a tensão do condensador diminui de Ucharge para Umin [24]. Algumas áreas principais de aplicações de supercapacitores são apresentadas na Fig. 4 e são discutidas abaixo.

Fig. 4. Várias aplicações de Supercapacitores.

Electrónica de consumo

Em aplicações com cargas flutuantes, tais como computadores portáteis, GPS, dispositivos de Hand heled e sistema fotovoltaico, os supercapacitores podem estabilizar o fornecimento de energia **[94]**. Os supercapacitores fornecem energia para flashes fotográficos e para lanternas LED de vida que podem ser carregadas em, por exemplo, 90 segundos. A partir de 2013, os altifalantes portáteis alimentados por supercapacitores foram oferecidos ao mercado **[25]**. Uma chave de fendas eléctrica sem fios com supercapacitores para armazenamento de energia tem cerca de metade do tempo de funcionamento de um modelo de bateria comparável, mas pode ser totalmente carregada em 90 segundos. Retém 85% da sua carga após três meses de inactividade **[26]**.

Tampão de energia da rede

Um grupo de VE e VHE durante o seu processo de carregamento extrai corrente muito elevada durante um curto período de tempo, o que cria uma pulsação de energia na rede. Para ultrapassar este problema, os supercapacitores podem ser implementados como uma interface entre a estação de carga e a rede para proteger a rede da elevada potência pulsante retirada da estação de carga **[27]**.

Tampão de potência de equipamento de baixa potência

Os supercapacitores fornecem energia de reserva ou de corte de emergência a equipamentos de baixa potência, tais como RAM, micro-controladores e cartões de PC. São a única fonte de energia para aplicações de baixa energia, tais como equipamento AMR ou para notificação de eventos em electrónica industrial **[29]**.

Estabilizador de voltagem

Os supercapacitores podem estabilizar a tensão das linhas eléctricas. Os sistemas eólicos e fotovoltaicos apresentam uma alimentação flutuante evocada por rajadas ou nuvens que os supercapacitores podem amortecer em milissegundos. Isto ajuda a estabilizar a tensão e frequência da rede, equilibrar a oferta e procura de energia e gerir a energia real ou reactiva **[30]**.

Colheita de energia

Os supercapacitores são dispositivos adequados de armazenamento temporário de energia para sistemas de colheita de energia. Nos sistemas de recolha de energia, a energia é recolhida do ambiente ou de fontes renováveis, por exemplo, movimento mecânico, luz ou campo electromagnético, e convertida em energia eléctrica num dispositivo de armazenamento de energia **[28]**.

Incorporação em baterias

A presença do eléctrodo supercapacitor altera a química da bateria e proporciona-lhe uma protecção significativa contra a sulfatação em estado parcial de alta taxa, que é o modo típico de falha das células chumbo-ácidas reguladas por válvula **[31].**

Luzes de rua

Luz de rua combinando uma fonte de energia de células solares com lâmpadas LED e supercapacitores para as aplicações de armazenamento de energia. Os supercapacitores podem durar mais de 10 anos e oferecer um desempenho estável sob várias condições meteorológicas, incluindo temperaturas de +40 a menos de - 20 °C.

Médico

Os supercapacitores são utilizados em desfibrilhadores onde podem entregar 500 joules para chocar o coração de volta ao ritmo sinusal.

Militar

A baixa resistência interna dos supercapacitores suporta aplicações que requerem correntes altas de curto prazo. Os usos incluem o arranque de motores particularmente a frio, particularmente com diesels para grandes motores em tanques e submarinos **[25]**.

Automotivo

O Hybrid-R concept car utiliza um supercapacitor para fornecer explosões de energia como parte do seu sistema de poupança de combustível stopstart, que permite uma aceleração inicial mais rápida **[32].** Em 2014 a China começou a utilizar eléctricos alimentados com supercapacitores que são recarregados em 30 segundos por um dispositivo posicionado entre os carris, armazenando energia para fazer funcionar o eléctrico por até 4 km mais do que o suficiente para chegar à paragem seguinte, onde o ciclo pode ser repetido **[33]**. Os condensadores captam a energia de travagem de uma paragem completa e fornecem a corrente de pico para o arranque do motor diesel e a aceleração do comboio e asseguram a estabilização da tensão da catenária. Dependendo do modo de condução, é possível poupar até 30% de energia através da recuperação da energia de travagem **[34]**.

Recuperação de energia

Um dos principais desafios de todos os sistemas de transporte é a redução do consumo de energia e das emissões de CO_2. A recuperação da energia de travagem requer componentes que possam rapidamente armazenar e libertar energia durante longos períodos de tempo com uma taxa de ciclo elevada **[35]**. Os supercapacitores preenchem estes requisitos e são por isso utilizados em muitas aplicações em todos os tipos de transporte.

Gruas, empilhadores e tractores

Contentores híbridos móveis diesel-eléctricos e de empilhamento dentro de um terminal. A elevação das caixas requer grandes quantidades de energia. Parte da energia poderia ser recuperada enquanto se baixa a carga, resultando numa maior eficiência **[36]**.

Carris ligeiros e eléctricos

Os supercapacitores são utilizados para alimentar a linha de eléctrico T3 de Paris em troços sem cabos aéreos catenários e para recuperar energia durante a travagem **[37].**

Autocarros

O primeiro autocarro híbrido com supercapacitores na Europa veio em 2001 em Nuremberga, Alemanha, chamado "Ultracapbus". O sistema funcionava com 640 V e podia ser carregado/descarregado a 400 A. O seu conteúdo energético era de 0,4 kWh com um peso de 400 kg **[38,39].**

Veículos eléctricos híbridos

As combinações supercapacitor/baterias em veículos eléctricos (EV) e veículos híbridos eléctricos (HEV) são bem investigadas. Foi reivindicada uma redução de combustível de 20 a 60% através da recuperação da energia de travagem em VE ou HEV. A capacidade dos supercapacitores de carregar muito mais rapidamente do que as baterias, as suas propriedades eléctricas estáveis, a sua gama de temperaturas mais ampla e uma vida útil mais longa são adequadas, mas o peso, o volume e especialmente o custo mitigam essas vantagens **[40,41]**.

SUPERCAPACITORES - CLASSIFICAÇÃO

O princípio de funcionamento do supercapacitor baseia-se no armazenamento e distribuição de energia dos iões provenientes do electrólito para a área superficial dos eléctrodos. Com base no mecanismo de armazenamento de energia, os supercapacitores são classificados em três classes: Condensadores electroquímicos de dupla camada, pseudo-capacitores, e supercapacitores híbridos, como mostrado na Fig. 2 abaixo.

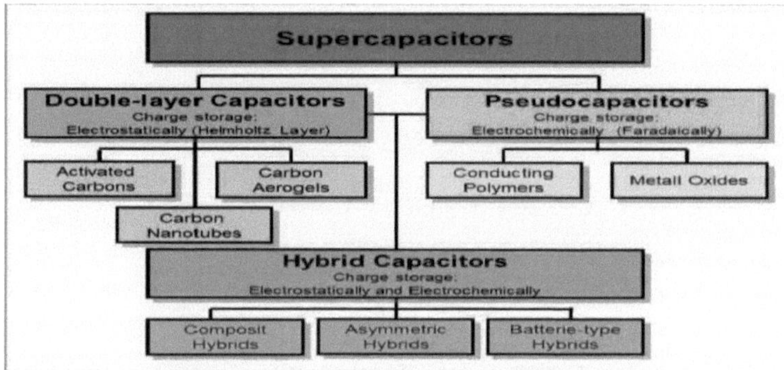

Fig. 5. Classificação do supercapacitor

Condensadores electroquímicos de dupla camada (EDLCs)

Os EDLCs são construídos utilizando dois materiais à base de carbono como eléctrodos, um electrólito e um separador. Os EDLCs podem armazenar carga electrostática ou através de processo não-farádico, o que não envolve transferência de carga entre o eléctrodo e o electrólito **[22, 23]**. O princípio do armazenamento de energia utilizado pelos EDLCs é a dupla camada electroquímica. Quando a tensão é aplicada, há uma acumulação de carga nas superfícies do eléctrodo, devido à diferença de potencial há uma atracção de cargas opostas, estas resultam em iões no electrólito difundindo-se sobre o separador e sobre os poros do eléctrodo de carga oposta. Para evitar a recombinação de iões nos eléctrodos, forma-se uma dupla camada de carga. A camada dupla, combinada com o aumento da área de superfície específica e a diminuição das distâncias entre eléctrodos, permite que EDLCs atinjam uma maior densidade energética **[24, 25]**. Além disso, devido ao mecanismo de armazenamento de EDLCs, isto permite uma absorção muito rápida de energia, entrega e melhor desempenho energético. Devido ao processo não farádico, isto não é uma reacção química. Elimina o inchaço observado no material activo que as baterias demonstram durante o carregamento e a descarga. Algumas diferenças entre EDLCs e baterias podem ser notadas como (i) os EDLCs podem resistir a milhões de ciclos ao contrário das baterias que podem resistir a poucos milhares na melhor das hipóteses. (ii) O mecanismo de armazenamento da carga não envolve solvente do electrólito; nas baterias de iões de lítio contribui para a interfase do electrólito sólido quando são utilizados cátodos de elevado potencial ou ânodos de grafite **[26, 27]**. No entanto, devido ao mecanismo de carga electrostática de superfície, os dispositivos EDLCs experimentam uma densidade de energia limitada, razão pela qual a investigação actual dos EDLCs se concentra principalmente no aumento do desempenho energético e na melhoria da gama de temperaturas onde as baterias não podem funcionar. O desempenho de EDLC pode ser ajustado em função do tipo de electrólito utilizado.

Materiais dos eléctrodos

Entre os parâmetros que dependem do tipo de materiais de eléctrodos utilizados nos supercapacitores estão a capacitância e o armazenamento de carga.

Materiais de carbono

Os materiais de carbono nas suas várias formas são os materiais de eléctrodos mais utilizados no fabrico de supercapacitores devido à sua elevada área de superfície, baixo custo, disponibilidade e tecnologias estabelecidas de produção de eléctrodos. O mecanismo de armazenamento utilizado pelos materiais de carbono é a dupla camada electroquímica formada na interface entre o eléctrodo e o electrólito. Assim, a capacidade depende principalmente da área de superfície acessível aos iões de electrólito **[35-37]**. Tendo uma elevada área de superfície específica no caso de materiais de carbono, resulta numa elevada capacidade de acumulação de carga na interface do eléctrodo e do electrólito. Exemplos de materiais de carbono utilizados como materiais de eléctrodos são o carbono activado, aerogeles de carbono, nanotubos de carbono, grafeno, etc.

Carvão activado (AC)

O material de eléctrodo mais utilizado é o AC e isso deve-se à sua grande superfície, boas propriedades eléctricas e custo moderado **[38]**. A CA pode ser produzida por activação física ou química a partir de vários tipos de materiais carbonáceos (por exemplo, madeira, casca de árvore de carvão, etc.). A activação física envolve o tratamento de precursores de carbono a alta temperatura (700-1200 °C), na presença de gases oxidantes como vapor, CO_2 e ar. No caso da activação química, é efectuada a uma temperatura mais baixa (400-700 °C) utilizando agentes activadores como o hidróxido de sódio, hidróxido de potássio, cloreto de zinco e ácido fosfórico **[39]**. Dependendo dos métodos de activação e dos precursores de carbono utilizados, a CA possui numerosas propriedades físico-químicas com áreas de superfície bem desenvolvidas de até 3000 m^2 g^{-1} . A estrutura porosa da CA obtida por processos de activação tinha uma ampla distribuição de tamanho de poros que consiste em microporos (<2 nm), mesoporos (2-50 nm) e macrosporos (>50 nm) **[40]**. Numerosos investigadores testaram a relação entre a capacidade específica e a área de superfície específica (SSA) da CA e parece haver uma discrepância entre elas. Tendo uma SSA elevada de cerca de 3000 m^2 g^{-1} , foi obtida uma capacitância relativamente pequena. Isto mostra que nem todos os poros são eficazes durante a acumulação de carga. Assim, embora a SSA em EDLC seja um parâmetro importante quando se trata de desempenho, alguns outros aspectos são também considerados nos materiais de carbono que influenciam em grande medida o desempenho electroquímico, como a distribuição do tamanho dos poros **[41, 42]**.

Nanotubos de carbono (CNT)

Com a descoberta da CNT, houve um avanço significativo na ciência e engenharia dos materiais de carbono. O factor que determina a densidade de potência de um supercapacitor é a resistência global dos componentes. Está a ser dada muita atenção à CNT como material de eléctrodo de supercapacitor devido à sua estrutura de poros únicos, boa estabilidade mecânica e térmica e propriedades eléctricas superiores **[43-45]**. A CNT pode ser categorizada como nanotubos de carbono de parede única (SWCNT) ou nanotubos de carbono de parede múltipla (MWCNT), ambos são geralmente explorados como materiais de eléctrodos supercapacitores **[46]**. Quando se trata de materiais de eléctrodos de alta potência, os CNT são considerados devido à sua boa condutividade eléctrica e à sua superfície de fácil acesso. Além disso, proporcionam um bom suporte para materiais activos devido à sua alta resiliência mecânica e rede tubular aberta. Geralmente, os CNT têm pequenos SSA ($<500\ m^2\ g^{-1}$) que, por sua vez, conduzem a uma baixa densidade energética em comparação com o AC. A CNT pode ser activada quimicamente com hidróxido de potássio, a fim de melhorar a sua capacidade específica **[39]**.

Graphene

O Graphene tem gozado de atenção recente significativa. Graphene uma estrutura de um átomo de camada espessa 2D surgiu como um material de carbono único que tem potencial para aplicações em dispositivos de armazenamento de energia devido às suas características soberbas de alta condutividade eléctrica, estabilidade química, e grande superfície **[47-50]**. Recentemente, foi proposto que o grafeno pode ser utilizado como material para aplicações de supercapacitor, porque quando o grafeno é utilizado como material de eléctrodo de supercapacitor não depende da distribuição de poros no estado sólido, em comparação com outros materiais de carbono, tais como carbono activado, nanotubo de carbono, etc. **[51, 52]**. Entre todos os materiais de carbono utilizados como materiais de eléctrodos condensadores electroquímicos de dupla camada, o grafeno recentemente desenvolvido tem uma área de superfície específica superior (SSA) de cerca de 2630 m $g^{2\ -1}$ **[53, 54]**. Existem muitos métodos diferentes actualmente em investigação para a produção de diferentes tipos de grafeno, tais como deposição química de vapor, esfoliação micromecânica, método de descarga em arco, descompressão de CNTs, crescimento epitaxial, métodos electroquímicos e químicos e métodos de intercalação em grafite **[55-58]**. Existem vários métodos de obtenção de grafeno a partir de grafite. O grafeno quimicamente modificado (CMG) foi obtido e foi testado tanto em electrólito aquoso como orgânico e foram produzidas capacitâncias de 135 e 99 F g^{-1} , respectivamente. O grafeno sofre uma aglomeração que tende a voltar a ser grafite. Para encontrar um método mais adequado para utilizar o grafeno como material de eléctrodo supercapacitor, foram pesquisados três métodos diferentes. O primeiro método foi a esfoliação térmica do óxido de grafite, no segundo método, o grafeno foi obtido aquecendo nano-diamante a 1650° C numa atmosfera de hélio, e no último método a cânfora foi decomposta sobre nanopartículas de níquel. A maior capacitância específica de 117 F g^{-1} e uma densidade energética de 31,9 Wh kg^{-1} foram obtidas por esfoliação térmica de óxido de grafite **[59]**. Entre as aplicações de supercapacitores encontra-se na área das aplicações de alta potência, daí a importância de produzir supercapacitores com alta capacitância específica e tempo de carga rápido com alta densidade de corrente **[60]**. Foi pesquisada uma nova abordagem que utiliza baixa temperatura para esfoliação do grafeno, devido à química única da superfície que foi exibida pelo grafeno esfoliado a baixa temperatura mostrar um bom desempenho de armazenamento de energia, a capacitância obtida é maior em comparação com o grafeno esfoliado a alta temperatura **[61,62]**.

Pseudocapacitores

Em comparação com os EDLCs, que carregam electro-estáticamente. Pseudocapacitores armazenam carga através de processo farádico que envolve a transferência de carga entre eléctrodo e electrólito **[28]**. Quando um potencial é aplicado a uma redução e oxidação de pseudocapacitores tem lugar no material do eléctrodo, o que envolve a passagem de carga através da camada dupla, resultando na passagem de corrente farádica através da célula do supercapacitor. O processo farádico envolvido nos pseudocapacitores permite-lhes alcançar uma maior capacidade específica e densidades de energia em comparação com os EDLCs. Exemplos disso são os óxidos metálicos, polímeros condutores. O que leva ao interesse nestes materiais, mas devido à natureza farádica, envolve uma reacção de redução-oxidação tal como no caso das baterias; por conseguinte, também sofrem de falta de estabilidade durante a ciclagem e baixa densidade de energia **[29-31]**.

Condução de polímeros

Diferentes polímeros condutores têm sido amplamente pesquisados como material de eléctrodos supercapacitores devido à sua fácil produção e baixo custo **[73]**. Os polímeros condutores têm uma condutividade e capacitância relativamente elevadas e resistência em série equivalente quando comparados com materiais de eléctrodos à base de carbono. Existem diferentes configurações de eléctrodos que podem ser utilizados para conduzir polímeros, a configuração do tipo n/p, tendo um eléctrodo com carga negativa (n- doped) e outro com carga positiva (p-doped), oferece uma alta energia e densidades, embora devido à falta de materiais de eléctrodos de polímeros condutores com n-doped, os pseudo-capacitores sejam limitados a atingir o seu potencial **[24]**. Na condução de polímeros, o processo de redução-oxidação é utilizado para armazenar e libertar carga. Se a oxidação ocorrer também conhecida como dopagem, os iões estão a ser transferidos para o osso posterior do polímero. Se a redução ocorrer também conhecida como desdoping, nesse caso, os iões são libertados de volta para a solução. Devido à redução-oxidação na condução de polímeros, estes causam uma tensão mecânica que, por sua vez, limita a estabilidade através de muitos ciclos de carga-descarga **[74]**.

Polianilina (PAni)

Considerando os diferentes tipos de polímeros condutores, o PANI é considerado como o material de eléctrodo supercapacitor mais promissor devido à sua alta condutividade, fácil síntese, excelente capacidade de armazenamento de energia e baixo custo **[75]**. Contudo, devido a ciclos repetitivos (processo de carga/descarga) de inchaço e retracção, o PANI é susceptível de degradação rápida no desempenho. Para evitar esta limitação, a combinação de PANI com materiais de carbono provou reforçar a estabilidade do PANI, bem como maximizar o valor da capacidade **[76, 77]**.

Polipirrol (PPy)

O polipirrol é um tipo de polímero orgânico formado pela polimerização do pirrol. Oferecem um maior grau de flexibilidade no processamento electroquímico do que a maioria dos polímeros condutores. No entanto, o polipirrol não pode ser n-dopado e por isso só encontrou utilização como material catódico.

Óxido de metal

Os óxidos metálicos apresentam outra alternativa para materiais utilizados na fabricação de eléctrodos em supercapacitores porque apresentam alta capacitância específica e baixa resistência, tornando mais simples a construção de supercapacitores com alta energia e potência. Os óxidos metálicos comummente utilizados são óxido de níquel (NiO), dióxido de ruténio (RuO_2), óxido de manganês (MnO_2), óxido de irídio (IrO_2). O baixo custo de produção e a utilização de um electrólito mais suave fazem deles uma alternativa viável **[63-65]**.

Óxido de ruténio

O óxido de ruténio (RuO_2) nas formas amorfa e cristalina é essencialmente importante tanto para fins teóricos como práticos, devido à sua combinação única de características, como actividades catalíticas, condutividade metálica, propriedades de redução-oxidação electroquímica, alta estabilidade química e térmica e comportamento de emissão de campo. A aplicação mais recente de RuO_2 é como material de eléctrodo em supercapacitores **[66]**. Para aplicação em supercapacitores, RuO_2 foi produzido electroquimicamente utilizando o método de electrodeposição. Os eléctrodos resultantes foram estáveis durante um grande número de ciclos, produzindo uma capacitância específica de 498 F/g a uma velocidade de varrimento de 5 mV s^{-1} **[67]**.

. Óxido de manganês

Recentemente, o óxido de manganês tem atraído muito interesse de investigação devido às suas propriedades físicas e químicas únicas com uma vasta gama de aplicações na troca de iões, catálise, biossensor, armazenamento de energia e adsorção molecular. É dado um interesse especial ao dióxido de manganês MnO_2 como material de eléctrodo para supercapacitores devido ao seu baixo custo, excelente desempenho capacitivo em electrólitos aquosos e benignidade ambiental **[69-72]**.

Óxido de níquel

O óxido de níquel está entre os materiais de eléctrodos promissores para supercapacitor devido à sua compatibilidade com o ambiente, fácil síntese e baixo custo. Entre os benefícios da estratégia electroquímica incluem-se a fiabilidade, simplicidade, precisão, baixo custo e versatilidade **[68]**.

Condensadores híbridos

Como vimos, os EDLCs oferecem boa estabilidade cíclica, bom desempenho energético, enquanto no caso da pseudo-capacitância oferece uma maior capacidade específica. No caso do sistema híbrido, oferece uma combinação de ambas, ou seja, combinando a fonte de energia de um eléctrodo semelhante a uma bateria, com uma fonte de energia de eléctrodo semelhante a um condensador na mesma célula **[32, 33]**. Com uma combinação correcta de eléctrodo, é possível aumentar a tensão da célula, o que por sua vez leva a uma melhoria da energia e das densidades de potência. Geralmente, o eléctrodo farádico resulta num aumento da densidade de energia ao custo da estabilidade cíclica, que é o principal inconveniente dos dispositivos híbridos em comparação com os EDLC, é imperativo evitar transformar um bom supercapacitor numa bateria vulgar **[34]**. Actualmente, os investigadores concentraram-se nos três tipos diferentes de supercapacitores híbridos, que podem ser distinguidos pelas suas configurações de eléctrodos: Composto, Assimétrico e do tipo Battery-type.

Tipo compósito

Os eléctrodos compostos combinam materiais à base de carbono com óxidos metálicos ou polímeros condutores num único eléctrodo, o que significa que um único eléctrodo terá mecanismos de armazenamento de cargas físicas e químicas. Os materiais à base de carbono oferecem dupla camada capacitiva de carga e elevada área de superfície específica, o que aumenta o contacto entre materiais pseudocapacitivos e electrólito. Através da reacção Faradaic, o material pseudocapacitivo aumenta a capacitância do eléctrodo composto. Actualmente existem dois tipos diferentes de compósitos: compósitos Binários e Ternários. Os compósitos binários envolvem a utilização de dois materiais diferentes de eléctrodo, enquanto que no caso do ternário utiliza três materiais diferentes de eléctrodo para formar um único eléctrodo.

Tipo assimétrico

Os híbridos assimétricos combinam processos não-farádicos e farádicos por acoplamento e EDLC com um eléctrodo de Pseudocapacitores. Estes são montados de forma a que o material de carbono seja utilizado como eléctrodo negativo enquanto que o óxido metálico ou o polímero condutor é utilizado como eléctrodo positivo [84]. **Tipo de bateria**

O híbrido tipo bateria combina dois eléctrodos diferentes, como no caso dos híbridos assimétricos, mas neste caso, eles são compostos pela combinação de um eléctrodo supercapacitor com um eléctrodo de bateria. Esta configuração foi estabelecida de modo a utilizar tanto as propriedades dos supercapacitores como as das baterias numa única célula.

DESENHO BÁSICO DO SUPERCAPACITOR

Construção celular

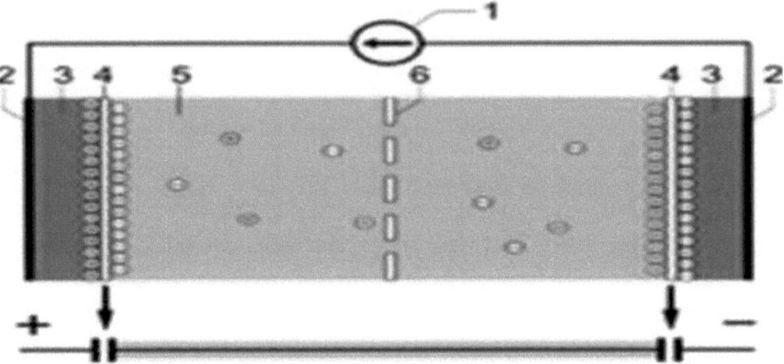

Fig. 6. Construção celular dos supercapacitores.

A construção típica de um supercapacitor inclui uma fonte de energia, um colector, eléctrodo polarizado, dupla camada de Helmholtz, electrólito com iões positivos e negativos e um separador. Os supercapacitores consistem em dois eléctrodos separados por uma membrana permeável a iões (separadores), e um electrólito com ligação iónica de ambos os eléctrodos. Quando os eléctrodos são polarizados por uma voltagem aplicada, os iões no electrólito formam camadas duplas eléctricas de polaridade oposta à polaridade do eléctrodo. Além disso, dependendo do material do eléctrodo e da forma da superfície, alguns iões podem permear a camada dupla tornando-se iões especificamente adsorvidos e contribuir com pseudo-capitância para a capacitância total do supercapacitor **[58-62]**.

Material dos eléctrodos

Os eléctrodos dos supercapacitores são geralmente revestimentos finos aplicados e ligados electricamente a um colector condutivo de corrente metálica. Os eléctrodos devem ter boa condutividade, estabilidade a altas temperaturas, estabilidade química a longo prazo (inércia), alta resistência à corrosão e altas áreas de superfície por unidade de volume e massa. Outros requisitos incluem o respeito pelo ambiente e o baixo custo.

A quantidade de camada dupla, bem como a pseudocapacidade armazenada por unidade de tensão num supercapacitor é predominantemente uma função da área de superfície do eléctrodo. Portanto, os eléctrodos dos supercapacitores são tipicamente feitos de material poroso e esponjoso com uma área de superfície específica extraordinariamente elevada, tal como o carvão activado.

Eléctrodos para EDLCs: O material de eléctrodo mais comummente utilizado para supercapacitores é o carbono em várias manifestações tais como carbono activado (AC), fibra de carbono - tecido (AFC), carbono derivado de carboneto (CDC), aerogel de carbono, grafite (grafeno), grafeno e nanotubos de carbono (CNTs). **[28-30].** Os eléctrodos à base de carbono apresentam uma capacidade predominantemente estática de dupla camada, ainda que uma pequena quantidade de pseudo-capacitância possa também estar presente dependendo da distribuição do tamanho dos poros. Os tamanhos dos poros em carbonos variam tipicamente de microporos (menos de 2 nm) a mesoporos (2-50 nm) **[31].**

Electrólitos

Os electrólitos consistem em solventes e produtos químicos dissolvidos que dissociam catiões positivos e ânions negativos, tornando o electrólito electricamente condutor. Quanto mais iões o electrólito contiver, melhor será a sua condutividade. Nos supercapacitores, os electrólitos são a ligação electricamente condutiva entre os dois eléctrodos. Além disso, nos supercapacitores, o electrólito fornece as moléculas para a monocamada separadora na camada dupla de Helmholtz e fornece os iões para a pseudo-capitância.

O electrólito deve ser quimicamente inerte e não atacar quimicamente os outros materiais do condensador para assegurar um comportamento estável durante muito tempo dos parâmetros eléctricos do condensador. A viscosidade do electrólito deve ser suficientemente baixa para molhar a estrutura porosa, semelhante a uma esponja dos eléctrodos. Não existe um electrólito ideal, forçando a um compromisso entre o desempenho e outros requisitos.

Electrólitos aquosos - A água é um solvente relativamente bom para produtos químicos inorgânicos. Tratada com ácidos tais como ácido sulfúrico ($H_2 SO_4$), (KOH), ou ($NaClO_4$), ($LiClO_4$) ou ($LiAsF_6$), a água oferece valores de condutividade relativamente elevados de cerca de 100 a 1000 mS/cm. Os electrólitos aquosos têm uma tensão de dissociação de 1,15 V por eléctrodo (tensão do condensador de 2,3 V) e uma gama de temperaturas de funcionamento relativamente baixa. São utilizados em supercapacitores com baixa energia específica e alta potência específica.

Electrólitos orgânicos - electrólitos, tetrahidrofurano, diethylcarbonato, y- butrolactona e soluções com quaternário (N(Et) BF_{44} , (NMe(Et) BF_{34}) são mais caros que os electrólitos aquosos, mas têm uma tensão de dissociação tipicamente mais elevada de 1,35 V por eléctrodo (tensão do condensador de 2,7 V), e uma gama de temperaturas mais elevada. A menor condutividade eléctrica dos solventes orgânicos (10 a 60 mS/cm) conduz a uma potência específica inferior, mas uma vez que a energia específica aumenta com o quadrado da voltagem, uma energia específica superior **[72].**

Separadores

Os separadores têm de separar fisicamente os dois eléctrodos para evitar um curto-circuito por contacto directo. Pode ser muito fino e deve ser muito poroso para os iões condutores para minimizar o ESR. Além disso, os separadores têm de ser quimicamente inertes para proteger a estabilidade e condutividade do electrólito. Os desenhos mais sofisticados utilizam películas poliméricas não tecidas porosas como poliacrilonitrilo ou Kapton, fibras de vidro tecidas ou fibras cerâmicas tecidas porosas **[75,76]**.

Colectores e alojamento

Os colectores de corrente ligam os eléctrodos aos terminais do condensador. O colector é pulverizado sobre o eléctrodo ou é uma folha de metal. Devem ser capazes de distribuir correntes de pico até 100 A. Se a caixa for feita de um metal (tipicamente alumínio), os colectores devem ser feitos do mesmo material para evitar formar uma célula galvânica corrosiva **[78]**.

Desenho de Supercapacitor

O condensador típico é composto por dois eléctrodos (placas metálicas) com uma substância dieléctrica encravada no meio. Quando a tensão é aplicada, os electrões acumulam-se num eléctrodo, e a carga eléctrica é armazenada. Neste momento, a substância dieléctrica encravada entre os eléctrodos desempenha um papel no aumento da capacidade através de um fenómeno conhecido como 'polarização dieléctrica' **[81,82].**

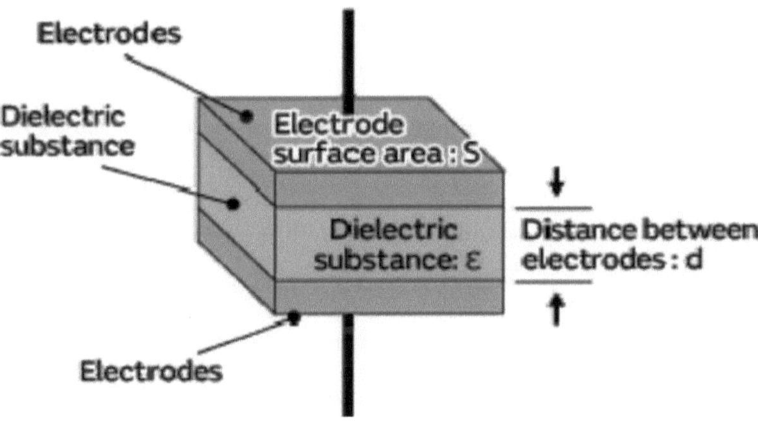

Fig. 7. Desenho básico de um supercapacitor.

O princípio fundamental subjacente a um supercapacitor é o mesmo, mas difere de um condensador normal na medida em que o espaço entre os eléctrodos é preenchido com uma solução electrolítica em vez de uma substância dieléctrica. A capacitância do supercapacitor é proporcional à área da dupla camada eléctrica, o carvão activado é utilizado no eléctrodo para aumentar a área tanto quanto possível. O carvão activado é poroso com muitos buracos na sua superfície, a fim de ocupar uma área de superfície extremamente grande **[79]**.

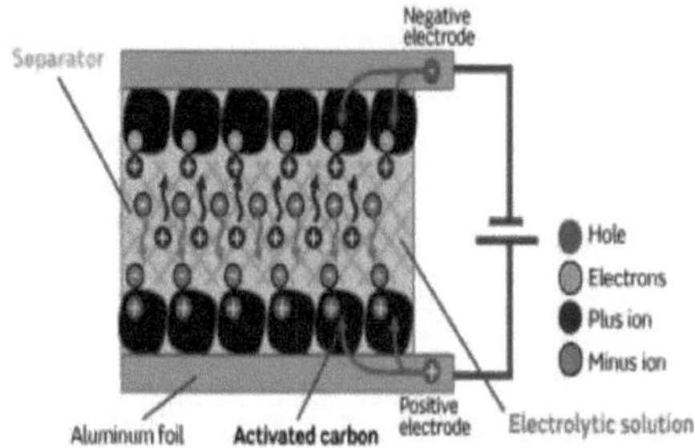

Fig. 8. Modelo de trabalho de um supercapacitor.

Devido aos eléctrodos e à solução electrolítica, o supercapacitor partilha a mesma estrutura de armazenamento de electricidade que uma bateria típica. Uma bateria utiliza uma reacção química entre os eléctrodos e a solução electrolítica e o supercapacitor difere no facto de os electrões só se moverem entre os eléctrodos. Como resultado destas diferenças, cada um apresenta propriedades diferentes. Uma vantagem do supercapacitor em comparação com uma bateria é que há pouca deterioração dos eléctrodos, uma vez que apenas os electrões se movem durante os períodos de carga e descarga. Um ponto fraco dos supercapacitores do tipo moeda e cilindro foi que a forma permitiu que a humidade externa penetrasse no selo e provocasse a deterioração e evaporação da solução electrolítica (falha de secagem). Embora o potencial do supercapacitor seja grande devido à alta capacitância, estes pontos fracos dificultaram a aplicação prática.

Murata superou esses pontos fracos e empreendeu o desenvolvimento de um novo supercapacitor. O resultado completo é o supercapacitor de laminados. Este supercapacitor de Murata utiliza uma estrutura que reveste o sistema supercapacitor, composto pelos eléctrodos e pela solução electrolítica acima descrita. Como resultado desta estrutura, a resistência interna (ESR) foi reduzida com sucesso para cerca de um milésimo da resistência observada com os supercapacitores convencionais, o que permite a sua utilização com grandes correntes. O selo foi também reduzido em tamanho para evitar a penetração de humidade externa e a evaporação da solução electrolítica **[84]**.

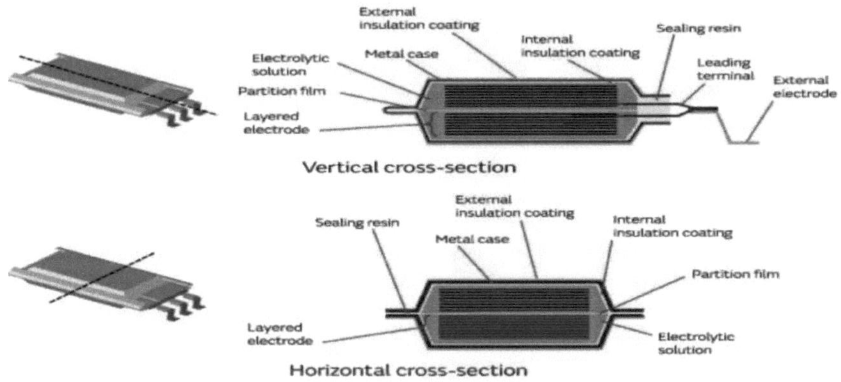

Fig. 9. Estrutura do supercapacitor de Murata (série DMT /DMF)

Desta forma, o supercapacitor Murata possui muitas vantagens superiores em comparação com os condensadores convencionais, baterias e outros supercapacitores. Cada um dos gráficos seguintes mostra que o supercapacitor tem uma maior capacidade e energia do que os condensadores convencionais, maior potência do que as baterias, e pode ser utilizado com uma potência superior aos supercapacitores convencionais **[86,87]**.

FUTURO PROSPECTO SOBRE A TECNOLOGIA DOS SUPERCAPACITORES

A concepção e fabrico de sistemas electroquímicos de armazenamento de energia com altas densidades de energia e potência, bem como uma longa vida útil em ciclo, é de grande importância. Como um destes sistemas, o dispositivo híbrido supercapacitor de bateria (BSH) é tipicamente construído com um eléctrodo do tipo bateria de alta capacidade e um eléctrodo capacitivo de alta taxa, o que tem atraído enorme atenção devido às suas potenciais aplicações em futuros veículos eléctricos, redes eléctricas inteligentes, e mesmo dispositivos electrónicos/optoelectrónicos miniaturizados, etc. **[88, 102]**.

Com a crescente preocupação com as questões ambientais e o esgotamento dos combustíveis fósseis, o aparecimento de veículos eléctricos e a geração de energia eólica, das ondas e solar renováveis são de grande importância para o desenvolvimento sustentável da sociedade humana **[100]**. Portanto, sistemas fiáveis de armazenamento de energia, tais como baterias e supercapacitores (SCs), são elementos chave para permitir a evolução destas estruturas energéticas. Para além das tradicionais baterias de chumbo-ácido, Ni-Cd, Ni-MH, iões de lítio (LIBs), e SCs, têm vindo a surgir várias baterias avançadas, tais como baterias de iões de lítio-aéreo/assódico sulfúrico/alumínio e baterias de iões de metal aquoso, e têm sido dedicados grandes esforços para optimizar o seu desempenho global para aplicação prática futura **[75, 92, 97, 98]**.

Para compreender o objectivo de concepção de um tal dispositivo híbrido, vários tipos de pilhas devem ser primeiro introduzidos e comparados com SCs. A primeira bateria recarregável, bateria de chumbo-ácido, foi anunciada em 1859 por Gaston Plante. Com o objectivo principal de conseguir uma maior duração da ciclagem e uma maior capacidade específica, as baterias Ni Cd, Ni-MH com densidade de energia de 30-70 Wh kg^{-1} tinham sido as baterias secundárias mais comuns ao longo de um século e ainda mantêm a sua posição nos mercados **[91]**. Ao longo de duas décadas de desenvolvimento, as densidades energéticas das LIBs de ponta aproximam-se dos 200 Wh kg^{-1} **[85]**.

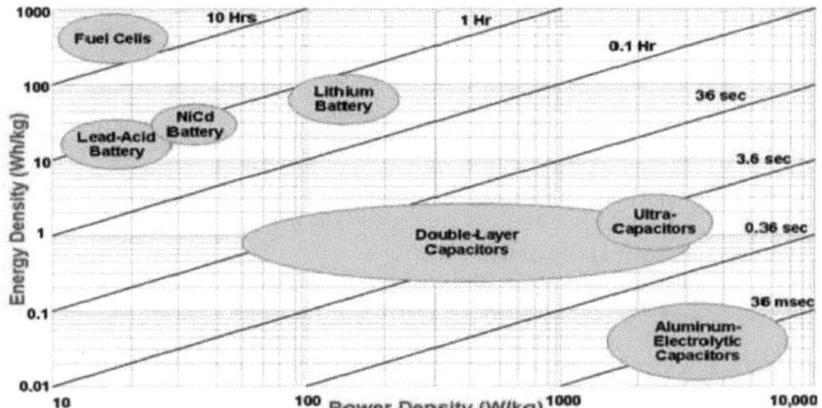

Fig .11. Lotes de Ragone de várias baterias recarregáveis e EDLC, e a comparação com BSHs.

Devido às transformações de fase dos eléctrodos de bateria, o voltamamograma cíclico (CV) e as curvas de carga-descarga galvanostática das baterias são características de fortes picos faradaicos redox e platôs de tensão plana, respectivamente **[97,98]**. Com a reacção superfície/near- superfície, a transferência de carga de SCs é meramente limitada na interface electrólito/electrodo, levando a uma densidade de potência ultra-alta (1-10 kW kg-1); e a pouca destruição da estrutura dos materiais dos eléctrodos assegura uma vida útil ultra longa (mesmo >10 ciclos) **[93]**. Nos últimos anos, com os rápidos desenvolvimentos em produtos de consumo inteligentes e interactivos, dispositivos de energia electroquímica com funcionalidades particulares, tais como flexibilidade, transparência, electrocromismo, fotodetecção, memória de forma, e auto-cura, etc., têm atraído considerável atenção numa variedade de campos **[101,103,104]**.

REFERÊNCIAS

1. H. I. Becker, "condensador electrolítico de baixa tensão" **(1957)**.
2. J. R Miller, P. Simon, condensadores electroquímicos para a gestão de energia. Science 321 (**2008**).
3. A. Pandolfo, A. Hollenkamp, Propriedades do Carbono e o seu papel nos supercapacitores. J Fontes de energia 11-27 (**2006**).
4. R. Kotz, M. Carlen, Princípios e aplicações de condensadores electroquímicos. Electroquímica. Acta 45 (**2000**).
5. R. Boggs, "Introdução Histórica à Tecnologia de Capacitor" IEEE Insul. 20-25 **(2010).**
6. Rightmire, A.A. Robert, breve história dos supercapacitores AUTUMN, Batteries & Energy Storage Technology "Electrical energy storage apparatus", **(1966).**
7. G. Schindall, The Change of the Ultra-Capacitors, IEEE Spectrum, The Charge of the Ultra-Capacitors: "Electrolytic capacitor having carbon paste electrodes" 10-27 **(1970)**.
8. Conway, Brian Evans Supercapacitores Electroquímicos: Fundamentos Científicos e Aplicações Tecnológicas. Berlim: Springer. pp. **(1999)**.
9. B. Conway, Evans, Transition from Supercapacitor to Battery Behavior in Electrochemical Energy Storage, J. Electrochem. Soc., 138 (6), **(1991)**.
10. Panasonic, Capacitor Eléctrico de Dupla Camada, Guia Técnico, Introdução, Panasonic Goldcaps "Electric double-layer condensitors". ELNA**. (2015)**.
11. A. Adam Marcus Namisnyk. Survey of electrochemical supercapacitor technology, (**2015**).
12. A. David, Evans, The Littlest Big Capacitor - an Evans HybridTechnical, "FDK, Corporate Information, FDK History 2000s" Evans Capacitor Company **(2007)**.

13. K. Naoi, P. Simon, "New Materials and New Configurations for Advanced Electrochemical Capacitors" Interface, 34-37 (2008).

14. Frackowiak, Elzbieta; Begum, François "Materiais de carbono para o armazenamento electroquímico de energia em condensadores". Carbono. Pergamon. 39 (6), **(2001)**.

15. H.G. Halper, S.E. Marin, Ellenbogen, C. James, "Supercapacitores": A Brief Overview" MITRE Nanosystems Group, **(2015)**.

16. Srinivasan, "Electrode/Electrolyte Interfaces": Estrutura e Cinética de Transferência de Carga". Células de Combustível: Dos Fundamentos às Aplicações. Springer eBooks **(2006)**.

17. A.V. Despotuli, A.L. Andreeva, "Nanoestruturas Avançadas de Carbono" para "Supercapacitores Avançados:" O que significa?". Nanociência e Nanotecnologia Lett. **(2011)**.

18. Conway, Brian Evans. "Condensadores electroquímicos": A sua Natureza, Função, e Aplicações". Enciclopédia de Electroquímica. 4 de Dezembro, **(2004)**.

19. Frackowiak, Elzbieta, K. Jurewicz, K. Delpeux, Beguin, Francois "Materiais Nanotubulares para Supercapacitores". J. Power Sources, 979 **(2001)**.

20. Garthwaite, Josie "How ultracapacitors work (and why they fall short)". Terra 2 Técnica. **(2015)**.

21. L. P Yu, G. Z Chen, "Redox electrode materials for supercapatteries". J. Fontes de energia. **(2016)**.

22. "Poderiam as nano folhas de cânhamo derrubar o grafeno para melhores eléctrodos supercapacitores?". Kurzweil Accelerating Intelligence **(2014)**.

23. A. F. Pandolfo, A.G. Hollenkamp. "Propriedades do carbono e o seu papel nos supercapacitores". J. PowerSources. 157 (1):1127 **(2006)**.

24. Kim Kinoshita (Junho de 1992). Tecnologia Electroquímica do Oxigénio. Wiley. ISBN 978- 0- 471-57043-1. "EnterosorbU, FAQ". Carbon-Ukraine (**2015**).

25. C.C. Nesbitt, & X. Sun, "Consolidated amorphous carbon materials, their manufacture and use", (**2004**).

26. Laine, J.; Yunes, S." Efeito do método de preparação na distribuição do tamanho dos poros de carvão activado de casca de coco". Carbono. (**1992**).

27. V. Fischer, U. Saliger, R. Petricevic, R. J. Fricke, "Aerogeles de carbono como material de eléctrodos em supercapacitores". J. Mat. Poroso. 4 (4): 281-285 (**1997**).

28. E.J. Lerner, (Outubro de 2004). "Menos é mais com aerogeles": Uma curiosidade de laboratório desenvolve usos práticos" (PDF). O Físico Industrial. American Institute of Physics. pp. 26-30 (**2015**).

29. M. LaClair, (Fev 1, 2003). "Substituição do armazenamento de energia por supercapacitores de aerogel de carbono". Electrónica de Potência. Penton, (**2015**).

30. Chien, Hsing-Chi, Cheng, Wei-Yun, Wang, Yong-Hui, Lu, "Ultrahigh Specific Capacitances for Supercapacitors Achieved by Nickel Cobaltite/Carbon Aerogel Composites". Materiais Funcionais Avançados. 22 (23), (**2012**).

31. M. Presser, V. Heon, Y. Gogotsi, "Carvões derivados de carbões" - De redes porosas 810-833 (**2011**).

32. Y. Korenblit, Rose, M. Kockrick, E. Borchardt, L. Kvit, A. Kaskel, S. Yushin, "High rate electrochemical capacitors based on order mesoporous silicon carbide-derived carbon" (PDF). ACS Nano. 1337-1344, (**2010**).

33. J. J. Balakrishnan, K. Huang, J. Meunier, V. Sumpter, B. G. Srivastava, A. Conway, M.Reddy,R .Ajayan, "Ultrathinplanargraphenesupercapacitors". NanoLett. **11** (4):142-1427 (**2011**).

34. Skel Cap High Energy Ultracapacitors-Data Sheet". Skeleton Technologies", (**2015**).

35. Palaniselvam, Thangavelu; Baek, Jong-Beom "Graphene-based 2D-materials for supercapacitors, **(2015).**

36. Pushparaj, V. L.; Shaijumon, M.M.; Kumar, A.; Murugesan, S.; Ci, L.; Vajtai, R.; Linhardt, R. J.; Nalamasu, O.; Ajayan, P.M. "Dispositivos flexíveis de armazenamento de energia baseados em papel nanocomposto". Proc.Natl.Acad.Sci.USA. (34): (2015).

37. "Investigadores desenvolvem supercapacitor de grafeno com promessa para electrónica portátil". Org. Física. Rede Ciência X. (2015).

38. M. El-Kady, M. F. Strong, V. Dubin, S. Kaner, "Laser scribing of high performance and flexible graphene-based electrochemical capacitors". Sc 335 **(2015).**

39. B Dume, "Supercapacitor de grafeno quebra recorde de armazenamento". Mundo da Física. IOP**,** 0228, (**2015**).

40. B. Z. Chenguang, L. Zhenning, Y. Neff, D. Zhamu, A. Jang, "Supercapacitor baseado em grafite com uma densidade de energia ultra-elevada". Nano Lett. 10-12 (**2010**).

41. M. H. Miller, J.R. Outlaw, R.A.; Holloway, B.C. "Condensador de dupla camada de grafeno com revestimento de ac". Ciência. 329 (**2010**).

42. Akbulut. Optimização do Eléctrodo Supercapacitor de Nanotubo de Carbono. Nashville, Tennessee **(2005)** Escola de Pós-Graduação da Universidade de Vanderbilt.

43. H. M. Arepalli, S. H. Fireman, C. Huffman, P. Moloney, P. Nikolaev, L. Yowell, C.D. Higgins; K. Kim, P. A. Kohl, S. P. Turano, W. J. Ready "Carbon-NanotubeBased Electrochemical Double-Layer Capacitor Technologies for Spaceflight Applications" (**2005**).

44. R. Signorelli, D. C. Ku; J. G. Kassakian, "Electrochemical Double-Layer Capacitors Using Carbon Nanotube Electrode Electrode Structures". Proc.**97** (11): 1837-1847, (**2008**).

45. J. Rong, B. Wei "Electrochemical Behavior of Single-Walled Carbon Nanotube Supercapacitors under Compressive Stress". ACS Nano. 4-10**, (2010)**.

46. B. E. Conway, V. Birss, J. Wojtowicz, "The role and the utilization of pseudocapacitance for energy storage by supercapacitors". Journal of Power Sources. **66** (1-2): 1-14 (**1995**).

47. Dillon, A. C. "Nanotubos de Carbono para Fotoconversão e Armazenamento de Energia Eléctrica". Chem.Rev. **110** (11): **(2010)**.

48. "Mecanismo de Armazenamento de Carga de Eléctrodo MnO2 Utilizado em Electroquímica Aquosa 36 Química. Mate. 16: 3184-3190 (2004).

49. "Novel Electrode Materials for Thin-Film Ultracapacitors": Comparação das Propriedades Electroquímicas do Dióxido de Manganês Derivado de Sol-Gel e do Dióxido de Manganês Electrodepositado". Journal of The Electrochemical Society. **147** (2): 444-450. (**2000**).

50. Brousse, "Ser ou não ser Pseudocapacitivo?". Journal of The Electrochemical Society. **162** (5): **(2010)**.

51. K. Jayalakshmi, M. Balasubramanian, "Simple Capacitors to Supercapacitors - An Overview" **(2008)**.

52. J. P. Zheng, P. J. Cygan, T. R. Jow, Hydrous Ruthenium Oxide as an Electrode Material for Electrochemical Capacitors, ECS, (**1995).**

53. "Macroporosidade de engenharia em filmes de Nanotubo de Carbono de Parede Única". Nano Lett. **9** (2): 677-683, (**2009**).

54. I. Wang, W. Guo, S. Lee, Ahmed, K.; Zhong, J.; Favors, Z.; Zaera, F.; Ozkan, M.; Ozkan, C. S. "Hydrous Ruthenium Oxide Nanoparticles Anchored to Graphene and Carbon Nanotube Hybrid Foam for Supercapacitors". Científica. **(2014)**.

55. J. Simon, Y. Gogotsi "Materiais para condensadores electroquímicos". Materiais para a Natureza. **7**: 845. **(2008)**.

56. "Síntese facial e comportamento super capacitivo dos filmes híbridos SWNT/MnO2". Nano Energia. **1**: 479-487 (**2012**).

57. H. Gualous et al: Caracterização e modelização de condensadores de iões de lítio ESSCAP'08 -3º Simpósio Europeu sobre Supercapacitores e Aplicações, Roma/Itália (**2008**).

58. "FDK Para Iniciar a Produção em Massa de Capacitores de Li-Ion de Alta Capacidade; Aplicações Automotivas e de Energias Renováveis". Green Car Congress, (**2009**).

59. K. Naoi, W. Naoi, Sh. Aoyagi, J. Miyamoto, T. Kamino, New Generation "Nanohybrid Supercapacitor", American Chemical Society, Chem. Res., **(2012)**.

60. A. Schneuwly, R. Gallay, Properties and applications of supercapacitors, From the estado da arte para tendências futuras, PCIM (**2000**).

61. Nesscap Ultracapacitor - Guia Técnico NESSCAP Co., Ltd. (**2008**).

62. Maxwell BOOSTCAP Guia de Produto-MaxwellTecnologias BOOSTCAP Ultracapacitores - Maxwell Technologies, Inc, **(2009**).

63. R. Dunn-Rankin, D. Leal, E. Martins, Walther, D.C., "Sistemas de energia pessoal". Prog. Combust. de energia. 422-465, **(2005)**.

64. Maxwell Nota de Aplicação Nota de Aplicação - Módulos de Armazenamento de Energia Estimativa da Duração da Vida Útil. Maxwell Technologies, Inc, (**2007**).

65. Panasonic Electronic Devices CO., LTD: Condensadores de ouro Dados característicos In: Guia Técnico de condensadores eléctricos de dupla camada, **(2011)**.

66. Van den Bossche et al..: A Célula contra o Sistema: Desafios de normalização para dispositivos de armazenamento de electricidadeEVS24 International Battery, Hybrid and Fuel Cell Electric Vehicle Symposium, Stavanger/Norway (**2009**).

67. Graham Pitcher New Electronics. (**2006**).

68. "Luzes de LED Ultracapacitor Carrega em 90 Segundos - Slashdot". Tech.slashdot.org. (**2008**).

69. "Altifalantes Bluetooth Hélio alimentados por supercapacitores". Gizmo. Com. (**2013**).

70. "Coleman FlashCell Cordless Cordless Screwdriver Recarga em Apenas 90 Segundos". OhGizmo. (**2007**).

71. M. Farhadi e O. Mohammed, Real-time operation and harmonic analysis of isolated and non-isolated hybrid DC microgrid, IEEE Trans. Ind. Appl., 50, 9002909, (**2014**).

72. M. Farhadi, O. Mohammed Adaptive energy management in redundant hybrid dc microgrid for pulse load mitigation IEEE Trans. Smart Grid, 6, 54-62, (**2015**).

73. Farhadi, Mustafa; Mohammed, Osama. "Melhoria do desempenho da micro-rede híbrida DC controlada activamente e da carga de energia pulsada". IEEE Trans. Ind. Aplic. **51** (5): 3570-3578**, (2015**).

74. R. Gallay, Garmanage, Technologies and applications of Supercapacitors, Universidade de Mondragon**, (2012**).

75. A. Stepanov, I. Galkin, Development of supercapacitor based uninterruptible power supply, Doutoramento em Energia e Geo-tecnologia, 15-20 de Janeiro, (**2007**).

76. Maxwell Technologies Ultracapacitores (alimentação eléctrica ascendente) Uninterruptible Power Supply Solutions, Maxwell.com. **(2013**).

77. Agência Internacional de Energia, Photovoltaic Power Systems Program, The role of energy storage for mini grid stabilization, IEA PVPS Task 11, Relatório IEA-PVPS **(2011).**

78. "Desempenho de supercapacitores imprimíveis num circuito de recolha de energia RF". Jornal Internacional de Energia Eléctrica. 42-46, (**2014**).

79. "State & Federal Energy Storage Technology Advancement Partnership (ESTAP)" Clean Energy States Alliance, (**2014**).

80. Nippon Chemi-Con, Stanley Electric e Tamura anunciam: Desenvolvimento de "Super CaLeCS", uma lâmpada de rua LED com LEDs, amiga do ambiente, alimentada por EDLC. Comunicado de imprensa Nippon Chemi-Con Corp., 30. Marz (**2010**).

81. yec.com.tw. "lista de fornecedores de super condensadores | YEC | Este condensador de alta energia de um desfibrilador pode fornecer 500 joules letais de energia", (**2013**).

82. "Primeiro a subir a unidade - um novo tipo de dispositivo de armazenamento dá às baterias de iões de lítio uma corrida pelo seu dinheiro", (**2014**).

83. A. Jaafar; B. Sareni; X. Roboam; M. Thiounn-Guermeur (2010-09-03). "IEEE Xplore - Dimensionamento de uma locomotiva híbrida baseada em acumuladores e ultracapacitores" 10, 1109 (**2010**).

84. J. R. Miller, A. F. Burke, Capacitores Electroquímicos: Challenges and Opportunities for Real-World Applications, ECS, 17, Primavera (**2008**).

85. Fuel cell works.com. "Página de Notícias Suplementar sobre as Células de Combustível". Web.archive.org. 2013 "SINAUTEC, Tecnologia Automóvel, LLC". Sinautecus.com. (**2008**).

86. C. Yang, X. Cheng, C. Wang, Y. Li, "Liquid-mediated dense integration of graphene materialstorage". Ciência. **341** (**2013**).

87. Fastcap. "Paradigm shift". Sistemas FastCap, (**2013**).

88. Y. Zhu. "Supercapacitores baseados em carbono produzidos por activação do grafeno". Ciência **332**, (**2011**).

89. T.Y. Jung, G. Yoo, Suh, K.S. Ruoff, "Carvões activados à base de grafite como eléctrodos supercapacitores com macro e mesopores". ACS Nano. **7** (8): (**2013**).

90. Kou, Yan, Xu. Yanhong, Guo, Zhaoqi, Jiang, "Super Capcitive Energy Storage and Electric Power Supply Using an Aza-Fused n-Conjugated Microporous Framework". Angew. Chem. Int. Ed. **50** (37): 8753-875, **(2011)**.

91. A. Izadi-Najafabadi, T. Yamada, G. Futaba, D. N.; Yudasaka, M. Takagi, H. Hatori, H. Iijima, S. Hata, "High-Power Supercapacitor Electrodes from Single-Walled Nanotube Composite" 811-819 (**2011**).

92. Tang, Zhe; Chun-hua, Tang; Gong, Hao. "Um Supercapacitor Assimétrico de Alta Densidade Energética da Nano-arquitetura Ni(OH)2/Carbono Nanotubo Eléctrodos". Adv. Diversão. Mate. **22**: 1272-1278, (**2011**).

93. Hsing-Chi Chien, Wei-Yun Cheng, Yong-Hui Wang, Shih-Yuan Lu, Ultrahigh Specific Capacitances for Supercapacitors Achieved by Nickel Cobaltite/Carbon Aerogel Composites (**2012**).

94. L. L. Mai L, H. Zhao, Y. Xu, L. Xu, Xu, X. Luo, Y. Zhang, Z. Ke, W. Niu, C. Zhang, Q. "Eléctrodo de nanoflake de difusão iónica rápida por pré-intercalação electroquímica espontânea para supercapacitor de alto desempenho". Sci (**2013**).

95. L. Zang, et al. "Materiais porosos a granel à base de grafite 3D com uma elevada área de superfície e excelente condutividade para supercapacitores". (**2014**).

96. Wu, Zhong-Shuai, Feng, Xinliang, Cheng, Hui-Ming "Recent advances in graphenebased planar micro-supercapacitors for on-chip energy storage". Natl. Sci. Rev. **1**: 277292, (**2013**).

97. "Os condensadores ultrafinos poderiam acelerar o desenvolvimento da próxima geração de electrónica | KurzweilAI", **(2016).**

98. Wang, Chengxiang; Osada, Minoru; Ebina, Yasuo, Li. Bao-Wen, Akatsuka, Kosho; Fukuda, Katsutoshi; Sugimoto, Wataru, M. A. Renzhi, Sasaki, Takayoshi "AllNanosheet Ultrathin Capacitors Assembled Layer-by-Layer via Solution-Based Processes". ACS Nano. **8** (3): **(2014)**.

99. Borghino, Dario "Novo dispositivo combina as vantagens das baterias e dos supercapacitores, (**2016**).

100. "Supercapacitores de grafeno 3D flexíveis podem alimentar os portáteis e os artigos de desgaste | KurzweilAI", **(2016).**

101. Y. Ruquan, N. Samuel, Errol, L. G. Tour, M. James "Flexible and Stackable Laser-Induced Graphene Supercapacitors". ACS Materiais Aplicados e Interfaces. **7** (5): 34143419. **(2011)**.

102. "Carga de ruptura da bateria em segundos, dura uma semana | KurzweilAI". **(2017)**.

103. Choudhary, Nitin, L. I. Chao, Chung, Hee-Suk; Moore, Julian, Thomas, Jayan; Jung, Yeonwoong "High-Performance One-Body Core/Shell Nanowire Supercapacitor Enabled by Conformal Growth of Capacitive 2D WS2 Layers". ACS Nano. **10** (12): **(2010)**,

104. S. Raut, A. Parker, C. Glass, "A method to obtain a Ragone plot for evaluation of carbon nanotube supercapacitor electrodes". Journal of Materials **(2010)**.

Printed by Books on Demand GmbH, Norderstedt / Germany